BEI GRIN MACHT SICH IHR WISSEN BEZAHLT

AF137297

- Wir veröffentlichen Ihre Hausarbeit, Bachelor- und Masterarbeit

- Ihr eigenes eBook und Buch - weltweit in allen wichtigen Shops

- Verdienen Sie an jedem Verkauf

Jetzt bei www.GRIN.com hochladen und kostenlos publizieren

Kevin Weber

Thema: Zeichnerische Darstellung von Ebenen

GFS-Ausarbeitung im Fach Mathematik

GRIN Verlag

Bibliografische Information der Deutschen Nationalbibliothek:

Die Deutsche Bibliothek verzeichnet diese Publikation in der Deutschen National-
bibliografie; detaillierte bibliografische Daten sind im Internet über http://dnb.d-
nb.de/ abrufbar.

Impressum:

Copyright © 2010 GRIN Verlag GmbH
Druck und Bindung: Books on Demand GmbH, Norderstedt Germany
ISBN: 978-3-656-32094-4

Dieses Buch bei GRIN:

http://www.grin.com/de/e-book/197227/thema-zeichnerische-darstellung-von-
ebenen

Zeichnerische Darstellung von Ebenen

GFS von [Name]

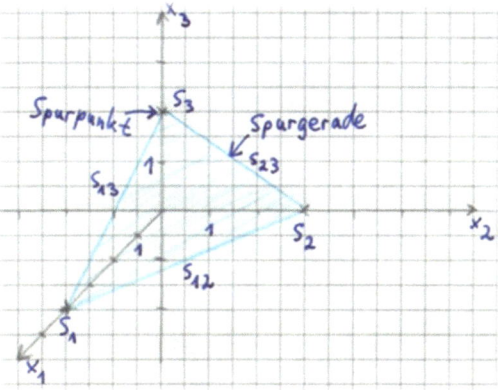

1. Inhaltsverzeichnis

Seite

1 Inhaltsverzeichnis 2

2 Einleitung 2

3 Ausschnitt einer Ebene zeichnen 3

4 Gleichungen der Koordinatenebenen $x_1 x_2$, $x_1 x_3$ und $x_2 x_3$ 4

5 Besondere Lage einer Ebene 4

    5.1 Ebene durch den Ursprung 4

        5.1.a) Begründung 4

        5.1.b) Zeichnung 5

    5.2 Ebene parallel zu einer Koordinatenachse 6

    5.3 Ebene parallel zu einer Koordinatenebene 7

6 Beispiele für Ebenen mit einer besonderen Lage 7

7 Bestimmen der Koordinatengleichung einer Ebene E 8

8 Aufgaben zu Ebenen 9

    8.1 Bestimme jeweils eine Koordinatengleichung für die Ebene E 9

        8.1.a) Figur 3 9

        8.1.b) Figur 4 9

    8.2 Gegeben ist die Ebene E: $4*x_1+x_2=8$. 9

        8.2.a) Zwei parallele Spurgeraden? 9

        8.2.b) Zeichnung 9

9 Quellenverzeichnis 10

2. Einleitung

Im Unterricht haben wir gelernt, wie wir Koordinatensysteme mit drei Achsen zeichnen und wie wir damit umgehen. Wir können beispielsweise Punkte und Geraden einzeichnen. Doch wie sieht es aus, wenn wir mehr als nur einen Punkt oder eine Gerade haben möchten? Wir wollen dreidimensionale Gebilde in einem Raum. Als Grundlage für komplexere Zeichnungen befasse ich mich in der GFS mit der „zeichnerischen Darstellung von Ebenen".

Um Ebenen zeichnen zu können, muss uns bewusst sein: Im Gegensatz zu einer Gerade, die durch zwei Punkte im Koordinatensystem festgelegt wird, brauchen wir für eine Ebene mindestens drei Punkte, die nicht auf einer Geraden liegen.

3. Ausschnitt einer Ebene zeichnen

Gegeben ist eine Ebene E: $3*x_1+4*x_2+6*x_3=12$

Eine Ebene geht theoretisch bis ins Unendliche. Damit wir sie jedoch zeichnerisch festhalten können, beschränken wir uns auf den Ebenenausschnitt innerhalb der Achsen. Dazu bestimmen wir zuerst die Schnittpunkte der Ebene mit den Koordinatenachsen. Diese Schnittpunkte nennen wir „**Spurpunkte**".

> Spurpunkt: Schnittpunkt einer Ebene mit einer Koordinatenachse.

Spurpunkte haben die Eigenschaft, dass mindestens zwei Koordinaten den Wert Null haben. Deshalb setzen wir, um einen Wert für x_1 herauszubekommen, $x_2 \, und \, x_3$ gleich Null. Die Gleichung lösen wir nach x_1 auf und erhalten die Koordinate, die den Spurpunkt auf der Koordinatenachse festlegt.

$3*x_1+4*x_2+6*x_3=12$
$3*x_1+4*0+6*0=12$
$3*x_1=12$
$x_1=4$
$\rightarrow$ Spurpunkt S_1 (4|0|0) auf $x_1-Achse$

Ebenso verfahren wir für $x_2 \, und \, x_3$:

$3*x_1+4*x_2+6*x_3=12$
$3*0+4*x_2+6*0=12$
$4*x_2=12$
$x_2=3$
$\rightarrow$ Spurpunkt S_2 (0|3|0) auf $x_2-Achse$

$3*x_1+4*x_2+6*x_3=12$
$3*0+4*0+6*x_3=12$
$6*x_3=12$
$x_3=2$
$\rightarrow$ Spurpunkt S_3 (0|0|2) auf $x_3-Achse$

Zeichnung {1}
Ebene E : $3*x_1+4*x_2+6*x_3=12$

Wenn wir zwei dieser Spurpunkte verbinden, erhalten wir eine „**Spurgerade**", welche die Schnittgerade der Ebene mit den Koordinatenebenen darstellt. Eine Koordinatenebene ergibt sich aus zwei Koordinatenachsen. Zum Beispiel die Koordinatenebene, die sich aus den Achsen x_1 und x_2 ergibt, bezeichnen wir als $x_1 x_2 - Ebene$.

> Spurgerade: Schnittgerade einer Ebene mit einer Koordinatenebene.

In der *Zeichnung {1}* (Seite 3) ist…
- S_{12} die Spurgerade von der Ebene E mit der $x_1 x_2 - Ebene$.
- S_{13} die Spurgerade von der Ebene E mit der $x_1 x_3 - Ebene$.
- S_{23} die Spurgerade von der Ebene E mit der $x_2 x_3 - Ebene$.

Durch das Einzeichnen der Spurpunkte und Spurgeraden erhalten wir einen Ebenenausschnitt von der anfangs gegebenen Ebene E.

4. Gleichungen der Koordinatenebenen $x_1 x_2, x_1 x_3 und x_2 x_3$

Für die Ebene $x_1 x_2$ muss x_3 gleich Null sein. Außerdem gehen die Werte für $x_1 und x_2$, die auf dieser Ebene liegen, ins Unendliche und können jeden realen Wert annehmen. Daraus folgt, dass die Koordinatengleichung für die Ebene $x_1 x_2$ $x_3 = 0$ sein muss. Auf diese Weise kommen wir für die Ebene $x_1 x_3$ auf die Gleichung $x_2 = 0$ und für die $x_2 x_3 - Ebene$ auf $x_1 = 0$.

Die Koordinatenebenen mit den eben genannten Gleichungen $x_1 = 0, x_2 = 0$ und $x_3 = 0$ sind Beispiele für Ebenen mit einer „besonderen Lage".

5. Besondere Lage einer Ebene

Allgemein für eine Ebene in Koordinatenform gilt: $a*x_1 + b*x_2 + c*x_3 = d$.

Eine Ebene kann drei verschiedene Arten von „besonderer Lage" haben:

5.1 Ebene durch den Ursprung

Gegeben ist die Ebene E: $3*x_1 + 4*x_2 + 6*x_3 = 0$.
5.1.a) Es gilt zu begründen, dass die Spurgeraden alle durch den Ursprung gehen.

$3*x_1 = 0$	$4*x_2 = 0$	$6*x_3 = 0$
$x_1 = 0$	$x_2 = 0$	$x_3 = 0$
S_1 (0|0|0)	S_2 (0|0|0)	S_3 (0|0|0)

→ Da alle drei Spurpunkte im Ursprung liegen, müssen auch alle Spurgeraden durch den Ursprung gehen.

Eine Ebene geht durch den Ursprung, wenn $d = 0$ ist.

5.1.b) Mithilfe von Parallelen zu den Spurgeraden wollen wir einen Ebenenausschnitt einzeichnen. Spurgeraden erhalten wir, wenn eine Koordinate gleich Null ist.

Für die Spurgerade S_{12} auf der $x_1 x_2 - Ebene$ setzen wir $x_3 = 0$ und lösen die Gleichung nach einer Variablen auf.

$$3 * x_1 + 4 * x_2 + 6 * 0 = 0$$
$$3 * x_1 + 4 * x_2 = 0$$
$$3 * x_1 = -4 * x_2$$
$$x_1 = \frac{-4}{3} * x_2$$

$$\rightarrow \quad S_{12}: \quad x = \begin{pmatrix} x_1 \\ x_2 \\ 0 \end{pmatrix} = \begin{pmatrix} \frac{-4}{3} * x_2 \\ x_2 \\ 0 \end{pmatrix} = x_2 * \begin{pmatrix} \frac{-4}{3} \\ 1 \\ 0 \end{pmatrix} = t * \begin{pmatrix} \frac{-4}{3} \\ 1 \\ 0 \end{pmatrix}$$

Für x_2 setzen wir t ein und erhalten einen Vektor, der uns die Richtung der

Spurgeraden S_{12} angibt: $x = t * \begin{pmatrix} (\frac{-4}{3}) \\ 1 \\ 0 \end{pmatrix}$.

Ebenso verfahren wir für die Spurgeraden S_{23}, S_{13} und zeichnen sie anschließend in ein Koordinatensystem ein.

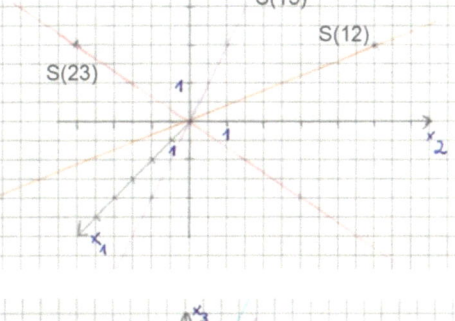

$$3 * 0 + 4 * x_2 + 6 * x_3 = 0$$
$$x_2 = (-3/2) * x_3$$

$$S_{23}: \quad x = \begin{pmatrix} 0 \\ \frac{-3}{2} * x_3 \\ x_3 \end{pmatrix} = x_3 * \begin{pmatrix} 0 \\ \frac{-3}{2} \\ 1 \end{pmatrix} = t * \begin{pmatrix} 0 \\ \frac{-3}{2} \\ 1 \end{pmatrix}$$

$$3 * x_1 + 4 * 0 + 6 * x_3 = 0$$
$$x_1 = -2x_3$$

$$S_{13}: \quad x = \begin{pmatrix} -2 * x_3 \\ 0 \\ x_3 \end{pmatrix} = x_3 * \begin{pmatrix} -2 \\ 0 \\ 1 \end{pmatrix} = t * \begin{pmatrix} -2 \\ 0 \\ 1 \end{pmatrix}$$

Danach zeichnen wir mithilfe von Parallelen zu den Spurgeraden einen Ebenenausschnitt ein, der von den Parallelen begrenzt wird.

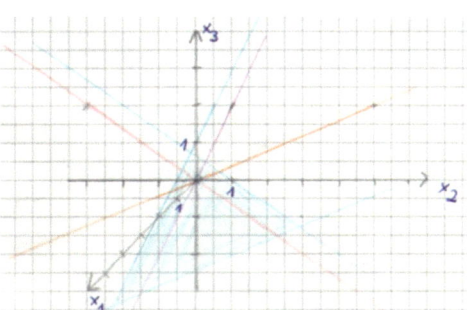

Ein gezeichneter Ebenenausschnitt mithilfe von Parallelen zu den Spurgeraden.

5.2 Ebene parallel zu einer Koordinatenachse

Ist beispielsweise der Koeffizient c gleich Null, so gibt es keine Lösung, wenn man x_1 und x_2 gleich Null setzt, um gegebenenfalls den Spurpunkt mit der $x_3 - Achse$ zu errechnen. In diesem Fall schneidet die Ebene niemals die $x_3 - Achse$ und muss aufgrund dessen parallel zu jener Achse sein.

Ein Beispiel:
Beschreibe die Lage der Ebene E: $2*x_1+3*x_2=4$

Wir bestimmen die Spurpunkte mit der jeweiligen Achse:

$2*x_1+3*0=4$
$2*x_1=4$
$x_1=2$
→ Spurpunkt S_1 (2|0|0) auf $x_1 - Achse$

Ebene E: $2*x_1+3*x_2=4$

$2*0+3*x_2=4$
$3*x_2=4$
$x_1=\dfrac{3}{4}$
→ Spurpunkt S_2 (0|0,75|0) auf $x_2 - Achse$

Es gibt keine Lösung für $0*x_1+0*x_2=4$
→ Spurpunkt S_3 auf der $x_3 - Achse$ existiert nicht.

→ Der Schnittpunkt der Ebene E mit der $x_1 - Achse$ ist S_1 (2|0|0), mit der $x_2 - Achse$ S_2 (0|0,75|0). Die Ebene E hat keinen Schnittpunkt mit der $x_3 - Achse$ und ist daher parallel zur $x_3 - Achse$.

> Wenn **einer** der Koeffizienten a, b oder c Null ist,
> verläuft die Ebene parallel zu einer **Koordinatenachse**.

5.3 Ebene parallel zu einer Koordinatenebene

Gegeben ist eine Ebene E: $5*x_1=10$. In der Gleichung tauchen also die Koordinaten $x_2 \, und \, x_3$ nicht auf.

$$5*x_1=10$$
$$x_1=2$$

→ Der Spurpunkt auf der $x_1-Achse$ ist S_1 (2|0|0).

Spurpunkte mit der $x_2-Achse$ und $x_3-Achse$ gibt es nicht. Demnach kann ein Ebenenausschnitt der Ebene E wie folgt aussehen:

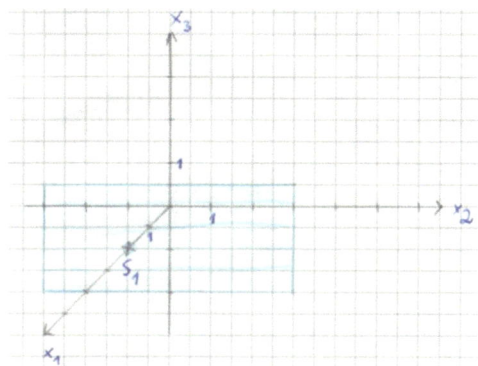

Die Ebene E: $5*x_1=10$ *hat nur einen Spurpunkt*
und ist parallel zur $x_2x_3-Ebene.$

> Wenn **zwei** der Koeffizienten a, b oder c Null sind, verläuft die Ebene parallel zu einer
> **Koordinatenebene**.

6. Beispiele für Ebenen mit einer besonderen Lage

$x_1=0$ entspricht der $x_2x_3-Ebene.$
$x_2=0$ entspricht der $x_1x_3-Ebene.$
$x_3=0$ entspricht der $x_1x_2-Ebene.$
Die Ebene $x_1=4$ ist parallel zur $x_2x_3-Ebene$ mit Abstand x_1, also 4. Wir erhalten die Ebene durch Verschiebung entlang der $x_1-Achse$ um vier Einheiten.
Die Ebene $x_2=1$ ist parallel zur $x_1x_3-Ebene$ mit Abstand x_2. Wir erhalten die Ebene durch Verschiebung entlang der $x_2-Achse$ um eine Einheit.
Die Ebene $x_3=-3$ ist parallel zur $x_1x_2-Ebene$ mit Abstand x_3. Wir erhalten die Ebene durch Verschiebung entlang der $x_3-Achse$ um drei negative Einheiten.

7. Bestimmen der Koordinatengleichung einer Ebene E

Gegeben ist die *Zeichnung {2}*.
Allgemein für eine Ebene gilt:
$$a*x_1+b*x_2+c*x_3=d.$$

Aus dem Koordinatensystem lesen wir
zunächst die Spurpunkte ab:
S_1 (2|0|0), S_2 (0|5|0) und S_3 (0|0|3).

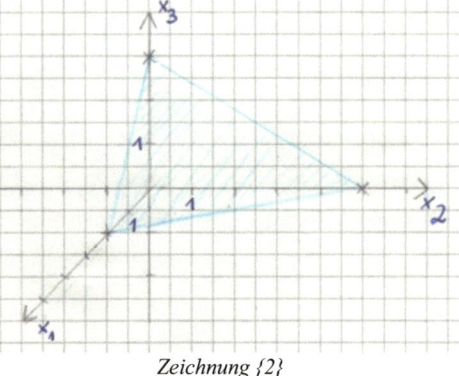

Wir überlegen uns: Wenn wir einen
Spurpunkt S_1 erhalten wollen, so
müssen wir die Koeffizienten b und c
gleich Null setzen. Anschließend lässt
sich die Gleichung durch a teilen und wir
erhalten die Koordinate x_1 für den
Schnittpunkt S_1. Das machen wir
ebenfalls für S_2 und S_3.

Zeichnung {2}

Wir können eine Matrix aufstellen und erhalten Werte für die Variablen:
$$|2*a+0+0=1|$$
$$|0+5*b+0=1|$$
$$|0+0+3*c=1|$$
$$\rightarrow \quad a=\frac{1}{2}, \quad b=\frac{1}{5} \quad \text{und} \quad c=\frac{1}{3}$$

Eine mögliche Koordinatengleichung lautet dann: $\frac{1}{2}*x_1+\frac{1}{5}*x_2+\frac{1}{3}*x_3=1.$

Allgemein lässt sich eine Koordinatengleichung bestimmen, indem wir 1 durch k teilen,
wobei für k der Abschnitt auf der jeweiligen Koordinatenachse (in unserem Fall 2, 5 und 3)
eingesetzt wird:

$$\frac{1}{k_1}*x_1+\frac{1}{k_2}*x_2+\frac{1}{k_3}*x_3=1$$

Wenn wir nun noch die Gleichung mit dem kleinsten gemeinsamen Nenner multiplizieren,
erhalten wir eine Koordinatengleichung mit ganzen Zahlen:
$$15*x_1+6*x_2+10*x_3=30$$

8. Aufgaben zu Ebenen

8.1 Bestimme jeweils eine Koordinatengleichung für die Ebene E
8.1.a) In *Figur 3* (siehe im Buch* auf Seite 275) hat die Ebene E nur einen Spurpunkt P. Da die Ebene nur einen Spurpunkt P hat, und dieser liegt auf der $x_2-Achse$, muss die Ebene parallel zur $x_1-Achse$ und $x_3-Achse$ sein. Wäre die Ebene nicht parallel, würde die Ebene irgendwann die Achsen schneiden, was weitere (nicht gegebene) Spurpunkte zur Folge hätte. Dazu kommt der Abstand der Ebene zur $x_1 x_3-Ebene$. Der beträgt 3, wie sich aus dem Spurpunkt mit den Koordinaten (0|3|0) ablesen lässt.

$$\frac{1}{3}*x_2=1$$
→ Koordinatengleichung $x_2=3$

8.1.b) In *Figur 4* (siehe im Buch* auf Seite 275) ist die Ebene parallel zur $x_3-Achse$. Ablesen zweier Spurpunkte: S_1 (1|0|0) und S_2 (0|5|0). Weil die Ebene parallel zur $x_3-Achse$ ist, gibt es neben den zwei abgelesenen Spurpunkten keinen dritten. Aus den Spurpunkten ermitteln wir die Koordinatengleichung:

$$\frac{1}{1}*x_1+\frac{1}{5}*x_2=1$$
→ Koordinatengleichung E: $5*x_1+x_2=5$

8.2 Gegeben ist die Ebene E: $4*x_1+x_2=8$.
8.2.a) Wie kann man an der Ebenengleichung erkennen, dass zwei Spurgeraden zueinander parallel sind?

→ Zwei Spurgeraden sind dann parallel, wenn eine Koordinate in der Koordinatengleichung fehlt. Bei der angegebenen Ebene liegt der Spurpunkt S_3 im Unendlichen. Wären die Spurgeraden nicht parallel, würde das bedeuten, dass die Spurgeraden jeweils irgendwann die $x_3-Achse$ schneiden. Folglich sind die Spurgeraden S_{12} und S_{23} parallel.

8.2.b) Die drei Spurgeraden sollen gezeichnet und anschließend ein Ebenenausschnitt schraffiert werden.

→ *Zeichnung {3}*

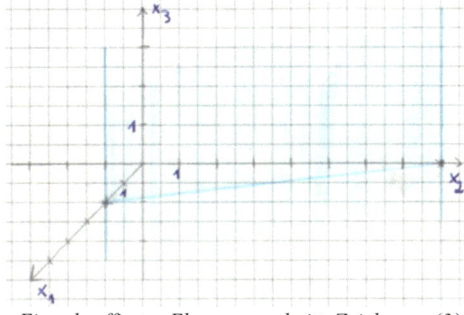

Ein schraffierter Ebenenausschnitt, Zeichnung {3}
Ebene $E: 4*x_1+x_2=8$

* Informationen zu dem Buch sind im Quellenverzeichnis auf Seite 10

9. Quellenverzeichnis

Verwendetes Programm zur Erstellung der Ebene E: $2*x_1+3*x_2=4$ auf Seite 6:
„Grapher" von Apple Inc.

Das Wissen wurde angeeignet aus dem Mathematikbuch „Lambacher Schweizer" für die
Kurstufe mit ISBN 3-12-732110-4 von der Ernst Klett Verlag GmbH in der 1. Auflage,
Stuttgart 2004.